U0210115

筑境

中国精致建筑100

镜境

西泠印社

出版说明

中国是一个地大物博、历史悠久的文明古国。自历史的脚步迈入新世纪大门以来，她越来越成为世人瞩目的焦点，正不断向世人绽放她历史上曾具有的魅力和光辉异彩。当代中国的经济腾飞、古代中国的文化瑰宝，都已成了世人热衷研究和深入了解的课题。

作为国家级科技出版单位——中国建筑工业出版社60年来始终以弘扬和传承中华民族优秀的建筑文化，推动和传播中国建筑技术进步与发展，向世界介绍和展示中国从古至今的建设成就为己任，并用行动践行着"弘扬中华文化，增强中华文化国际影响力"的使命。从20世纪80年代开始，中国建筑工业出版社就非常重视与海内外同仁进行建筑文化交流与合作，并策划、组织编撰、出版了一系列反映我中华传统建筑风貌的学术画册和学术著作，并在海内外产生了重大影响。

"中国精致建筑100"是中国建筑工业出版社与台湾锦绣出版事业股份有限公司策划，由中国建筑工业出版社组织国内百余位专家学者和摄影专家不惮繁杂，对遍布全国有历史意义的、有代表性的传统建筑进行认真考察和潜心研究，并按建筑思想、建筑元素、宫殿建筑、礼制建筑、宗教建筑、古城镇、古村落、民居建筑、陵墓建筑、园林建筑、书院与会馆等建筑专题与类别，历经数年系统科学地梳理、编撰而成。本套图书按专题分册，就其历史背景、建筑风格、建筑特征、建筑文化，结合精美图照和线图撰写。全套100册、文约200万字、图照6000余幅。

这套图书内容精练、文字通俗、图文并茂、设计考究，是适合海内外读者轻松阅读、便于携带的专业与文化并蓄的普及性读物。目的是让更多的热爱中华文化的人，更全面地欣赏和认识中国传统建筑特有的丰姿、独特的设计手法、精湛的建造技艺，及其绝妙的细部处理，并为世界建筑界记录下可资回味的建筑文化遗产，为海内外读者打开一扇建筑知识和艺术的大门。

这套图书将以中、英文两种文版推出，可供广大中外古建筑之研究者、爱好者、旅游者阅读和珍藏。

目录

西泠印社

西泠印社位于浙江省杭州市秀丽的西子湖畔，孤山南麓，是我国近代史上著名的江南文人园林之一。它创建于1904年，也是我国著名的研究金石篆刻的学术团体，特定的历史条件和印学文化赋予西泠印社独特的园林魅力。鲜明的主题、深远的立意、绝妙的构思、精巧的布局，成为中国传统诗、书、画、印艺术与造园艺术完美结合的产物。其中既有根据唐、宋、明、清历代孤山名胜重建的竹阁、柏堂、四照阁、六一泉，还有近代艺术大师吴昌硕等人主要的活动场所观乐楼、题襟馆、仰贤亭，及珍藏着被誉为"浙东第一石"的汉三老石室等园林景观。此外，布局精美的山顶庭园，蜿蜒曲折的林间石径，惟妙惟肖的印人石雕，构思巧妙的印泉石刻，构成了西泠印社独具魅力的印园景观。西泠印社因此也成为西子湖畔一处散发着浓郁"书卷"气息的江南文人园林。

一、漫话西泠

杭州是我国著名的六大古都之一，五代时的吴越国和南宋王朝曾先后两次在此建都，它有着悠久的历史和灿烂的文化，西湖天下景更有"人间天堂"的美誉。明代诗人田汝成在《西湖游览志》中曾这样写道："杭州地脉，发自天目，群山飞翥，驻于钱塘。江湖夹抱之间，山停水聚，天气融结……钟灵毓秀于其中。"秀丽的西子湖山，不仅以其诗情画意般的自然风光驰名中外，同时也为杭州园林提供了得天独厚的发展条件。自五代开始，尤其是宋高宗定都临安以后，杭州造园之风炽烈，苑园兴筑繁盛，据《都城纪胜》和《梦粱录》中记载，当时分布于西子湖畔的园林就有50处之多，正所谓"一色楼台三十里，不知何处觅孤山"了。杭州园林自元代以后，由于历史的原因，逐渐走向衰落，到明清时期已所剩无几。而近代史上的文人造园，又给古老的杭州园林带来了新的生机，成为杭州造园史上保存最完好的江南园林之一，西泠印社就是这样一处散发着浓郁"书卷"气息的江南文人园。

图1-1 西泠印社（蔡红 摄）
西泠印社位于杭州美丽的西子湖畔，孤山南麓，是杭州造园史上保存最完好的江南园林之一。印社成立于1904年，也是我国近代史上著名的研究金石篆刻的学术团体。

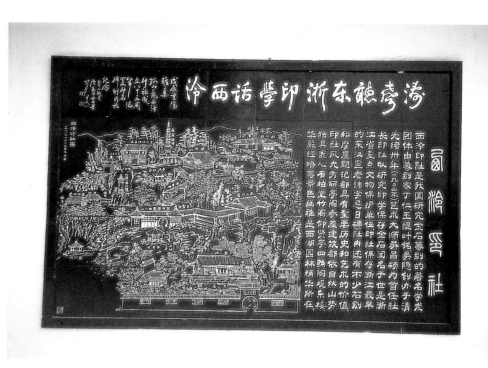

图1-2 砖刻《西泠印社胜迹图》
由40块方砖组成，高2米，宽3.2米。
"涛声听东浙，印学话西泠"，杭州在历
史上是一个印学人才辈出的地方，著名的
"西泠八家"和西泠印社都诞生在这里。

西泠印社位于秀丽的西子湖畔，孤山南麓，成立于1904年，也是我国近代史上著名的研究金石篆刻的学术团体。历史上的杭州是一个印学人才辈出的地方，仅康熙至晚清期间，就出现过丁敬、蒋仁、黄易、奚冈、陈豫钟、陈鸿寿、赵之琛、钱松嵒等人，因其八人均系杭州人，故人称"西泠八家"。后于清光绪三十年（1904年），浙江和杭州的几位继承浙派篆刻艺术的金石家丁仁、王褆、叶铭、吴隐等人常聚于孤山数峰阁，探讨六书，研究篆刻，研讨之余，大家都想把各自收藏的古今印章汇集起来拓成印谱，以便保存和鉴赏，并仿先贤结社之举筹划成立印社。当时国家多难，仅靠几个文人创办印社艰难程度可想而知。于是他们拓印成谱，制泥销售，于光绪三十年（1904年）秋，凑钱在孤山数峰阁旁买地数弓（一弓合1.6米），开始了西泠造园立社的艰难历程。光绪三十一年（1905年），在数峰阁西建仰贤亭；后陆续集资，逐年整修，开辟了竹树茂密、境地清幽的小盘谷，开掘印泉，修建山川雨露室和宝印山房，历经数十年，印社方才"高可凭眺，幽有几席"，规模约二里许。直到民国2年（1913年）才正式召开印社成立大会。

图1-3 印社标志之一（蔡红 摄）/对面页
文泉石刻"西泠印社"（钟以敬书）。西泠印社以其独特的造园手法和印园景观，成为西子湖畔一处散发着浓郁书卷气息的江南文人园林。

在印社的定名上，因其前临西湖、背负孤山，恰立于西湖西泠桥畔（西泠又名"西陵"、"西林"、"西村"等，是古代的渡口），历史上又有印学"西泠八家"之说，故"人以印集，社以地名"，遂定名为"西泠印社"。共推当时我国著名的金石书画家吴昌硕先生（1849—1927年）为首任社长，他以其诗、书、画、印的精湛造诣享誉海内外。吴昌硕在《西泠印社记》中这样写道："西泠山水清淑，人多才艺，书画之外，以篆刻名者丁钝、丁至、赵悲庵数十余人，流风余韵，被于来者。言印学者，至今西泠尤盛。同人结社……名曰西泠印社。"

长期以来，西泠印社不仅以其灿烂的印学成就蜚声海内外，更以其独特的造园手法和印园景观吸引了无数的游人，成为西子湖畔一处集印学文化和园林艺术于一体的造园佳作。陈从周先生在《印社说景》中曾这样评价它："造园有天然景观，有人文景观，两者兼有者，湖上唯此而已。所谓高度文化之景区也，宜其永留不朽也。故予以景可寻，耐人想，观之不尽，西湖景之首也……"

二、西子湖畔的印社

"山外青山楼外楼"（宋·林升）；

"漠漠青山绕梵宫"（元·仇远）；

"山围花柳春风地"（元·于石）；

"水光山色图画中"（明·朱梦炎）。

　　自古以来，秀丽的西子湖山不知留下了多少脍炙人口的千古佳句。历史上的西湖又称"金牛湖"、"明圣湖"、"武林水"、"钱塘湖"和"西子湖"等，自隋唐以后逐渐闻名于世。它南北长 3.3公里，东西宽2.8公里，面积约6平方公里，四周群山环抱，中涵碧水，湖光山色，丘壑岩泉，朝昏晴雨，四序总宜。苏堤、白堤犹如两条绿色的缎带，飘逸于湛湛碧波之上，将西湖分隔成外湖、里湖、岳湖、西里湖和小南湖五个部分；湖中又点缀以湖心岛、阮公墩，小瀛洲三个小岛，使整个湖面若离若合，有聚有散，层次丰富，景色自然。孤山位于西湖的北部，是湖中最大的岛屿，它东连白堤、南临外湖、西接西泠桥、北濒里西湖，湖水萦绕四周，孤山因此得名。远远望去，波平如镜，长堤如带，孤山好似碧波之上的一块绿色的翡翠屏风，端庄秀丽，飘逸自然，西泠印社就坐落在这美丽的西子湖畔，孤山脚下。

　　中国传统的造园相地，有"惟山林地最胜"之说。孤山高约40米，面积280多亩，西高东低，起伏自然；西泠印社位于孤山的西南部，在造园相地上巧取自然山势，汇孤山之秀色，融西湖之灵气，构成了极佳的山林造园之势，正所谓"有高有凹，有曲有深；有峻

图2-1 西湖全景图

"山外青山楼外楼，漠漠青山绕梵宫；山围花柳春风地，水光山色画图中。"秀丽的西子湖山，自古以来，就有"人间天堂"的美誉。（据《明刊名山图版画集》）

有悬，有平有坦，自成天然之趣"（明·计成《园冶》）。而那苍松翠竹之中的亭台楼阁、流丹飞檐，则巧借孤山之势，疏密相间，错落有致，层层叠叠地点缀于自然山水之中。遥望西泠，悠悠烟水，澹澹云山，隐隐雕梁，点点扁舟，勾画出一幅天然的西泠山水画卷。

在造园的布局构思上，西泠印社吸收了金石篆刻的构章手法，融传统的诗、书、画、印艺术与造园艺术于一体，形成了自己独特的印园章法。"……馆阁庐楼联结为'密处'，池

＊镜　中国精致建筑100

图2.2 杭州西湖平面图
西湖又名"武林水"、"金牛湖"、"明圣湖"、"钱塘湖"、"西子湖"等，自宋朝以来通称西湖。孤山是湖中最大的岛屿，因湖水萦绕四周，故此得名。孤山曾是宋朝诗人林逋隐居的地方

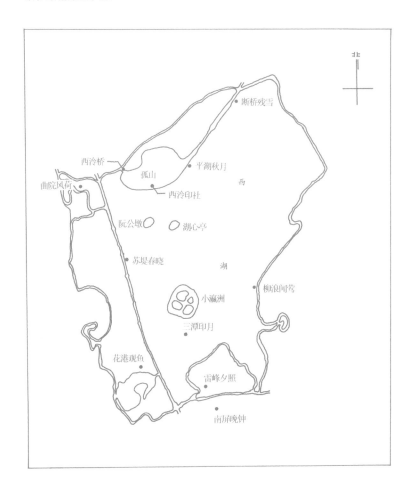

图2-3 《西泠印社图》（丁茂鲁 绘）

　　"园林与印章共构思，水天借山光合一色"，西泠
印社在造园布景上充分吸收了金石篆刻的构章手
法，布局精巧，疏密有致，气脉相承，形成了自己
独特的印园章法。

塘天井拓出了'虚处'，上下呼应；左右两条曲径，对称而有变化，高低起伏，挪让穿插，层次井然，蔚成一种淡淡的气韵；前后外围的矮墙，似断似连，隐约是印间的边栏。园林与印章共构思，水天偕山光合一色，这就是西泠印社的园林特色……"（叶一苇《印社景观鸟瞰》）。与传统的江南园林相比，西泠造园摒弃了更多单纯的造园因素，而是更加突出造园的立意和意境的创造，表现出文人山水园特有的山林清秀和书卷风范，形成了西泠山水造园的独特韵味。在建筑布局上，西泠造园充分利用自然山势的变化和山地成景的自然因素，从山底至山顶随着山势的升高，建筑形式由集中向分散式转化，空间组合由封闭向半开敞、开敞型过渡，布局灵活，形式多样，表现出山地造园较大的随机性。明快的灰、白主色的运用，使建筑在绿树的掩映下更显得古朴雅致，亲切自然。用碎石铺成的山径和用石块砌成的石阶，蜿蜒曲折，左右穿插，山林意趣，步移景异。似断似连的园墙，淡化了西泠印社原有的造园界线，使近水远山，共聚园中。印社中星罗棋布的泉池和琳琅满目的石雕石刻、名家墨迹，更是令人目不暇接，营造出西泠特有的印学氛围。以松、竹、梅为主体的植物配置构成了西泠印社主要的植物群落，用来比拟文人雅士清高、孤洁的个性，更加突出了山地成景幽雅静僻的造园意境。

西泠印社以其质朴、典雅的造园风格，独具韵味的造园个性和丰富自然的园林景观，成为江南文人造园的一处经典之作。

三、印人和印园

图3-1 西泠印社山顶庭园平面图

从布局选址，择地立基，泉池挖掘，辟径凿岩，到植物配置，小品设置等，始终保持了文人造园的"书卷"风范和景观特色。

華嚴經塔

西泠印社

閒泉

泉

泉

題襟館

四照閣

白玉簃

女貞

女貞

女貞

金鈞

樂子

0   5m

图3-2 《饥看天图》（吴昌硕像）

由任伯年画，刻石拓片于印社题襟馆东侧墙壁。吴昌硕（1849—1927年），印社首任社长，为印社的成立和发展作出过杰出贡献；同时，他又是一位集诗、书、画、印四绝于一身的艺术大师。

西泠印社源于印学，成于印人。特定的历史条件和社会因素，决定了西泠造园并非沿袭传统的造园模式，从相地选址、立意构思，到定堂立基、造园布景，一次完成。西泠造园从当初的数峰阁研诗议社到1913年印社正式成立，前后历经数十年，创业的艰辛可想而知。然而，印社今天的规模则是到了印社成立三十周年时才宣告完成，三十年的造园历程写下了西泠印人孤山造园最初的一页。

回顾西泠印社的造园历史，我们不难发现，西泠印社除了是印人独立完成之外，它的整体布局和建筑设计最初并非出自一个完整的造园构思，而是表现出较大的随机性和灵活性，这与它建造历时较长和分阶

a

b

图3-3 邓石如立像（蔡红 摄）
"邓派"篆刻艺术的创始人邓石如和"浙派"篆刻艺术的创始人丁敬，是中华印坛上两位重要的历史人物。邓石如背斗笠擎渔竿立像和丁敬着布衣拄拐杖坐像，都是丁仁在印社创建初期为印社造建的。

印人和印园

筑境 中国精致建筑100

段扩充建设有着密切的关系。但是分步的造园设计和立意构思在西泠造园中又表现出了惊人的和谐与完整。早在1904年草创之初，印社仅是一个"辟地若干弓，筑茅三两室"的小社，并未形成真正意义上定堂立基的造园规模。随着印社声名的远扬和印社自身的发展，于1905年在数峰阁以西建仰贤亭之后，由亭而西，相继修建了山川雨露室和石交亭；后于1911年东扩小盘谷，南收柏堂、竹阁，经过印社同仁数年的精心布置，直到1913年印社方才初具规模。在以后的二十年中，印社的造园活动才真正走上了正轨，这其中主要包括对柏堂、竹阁、四照阁等名胜古迹的改造，山顶庭园的开辟，题襟馆、观乐楼和华严经塔的兴建，小龙泓洞的开凿和西泠印社北门的开通等等，使西泠印社逐渐形成了自己相对完整的布局结构和造园风格，成为孤山造园的精华所在。回顾这段历史，徐映璞先生在《西泠印社记》中这样写道："……嗣是，印人、社地、室庐、泉石岁有增益，迄于癸酉，凡三十年，得地三百余弓，南藉柏堂、竹阁，西包盘谷、留云，中辟小龙泓洞，穿崖凿险、取经于西湖之浒，竹林茂密，亭榭参错，斯称极盛。"

另一方面，众人参与造园构成了西泠定基立社的又一重要特征。早在印社创立之初，当时条件十分艰苦，造园经费也很紧张，于是社员们各出自家所藏，或拓印成谱、制泥销售，或义卖书画、捐赠收藏，几乎每一项造园活动都得到了大家的支持和参与。大到选址布局、择地立基，小到泉池挖掘、辟径凿岩、植

图3-4 遁庵和还朴精庐（蔡红 摄）
1915年由吴隐得地搞建，故名"遁庵"。
遁庵前有一小庭园，可俯瞰苏堤和西泠桥
一带景色，后有印社"潜泉"。

物选配、小品设置，都是经过集思广益，反复比较，精心设计而成。因此，虽然造园历时较长，却始终保持了造园布景的相对完整性和分步实施的灵活性，体现出西泠造园与其他传统造园的不同之处。

在印社的建造过程中，有几位印人是最值得我们怀念的，他们中有印社的创始人丁仁、吴隐、叶铭、王褆，首任社长吴昌硕，社员吴熊、李叔同等，他们不仅学艺精湛、成就卓著，而且为印社的建设和发展作出了重要贡献。就吴隐而言，他在印社创建初期就积极参与印社的造园构思和设计工作，以一个印人特有的艺术眼力，审视造园中的一室一庐、一景一物，精益求精。他在1904年到1923年二十年间，先后四次向印社捐赠财物，以置地筑室、造园兴社，由他本人及子孙捐建的印社景物包括：小盘谷旁的遁庵、还朴精舍、岁青岩下的观乐楼、阿弥陀经幢、遁庵后的潜泉、鉴亭和味印亭（在遁庵前，今毁圮）等。许多印社的景物，至今仍留有印人当年的痕迹。回首西泠造园的历史，又会有更多的印人走进我们的记忆，他们留下的不仅是这西泠桥畔小小的印社，而是那段记忆汇成的印园往事和岁月写下的印社沧桑。

四、西泠说景（之一）

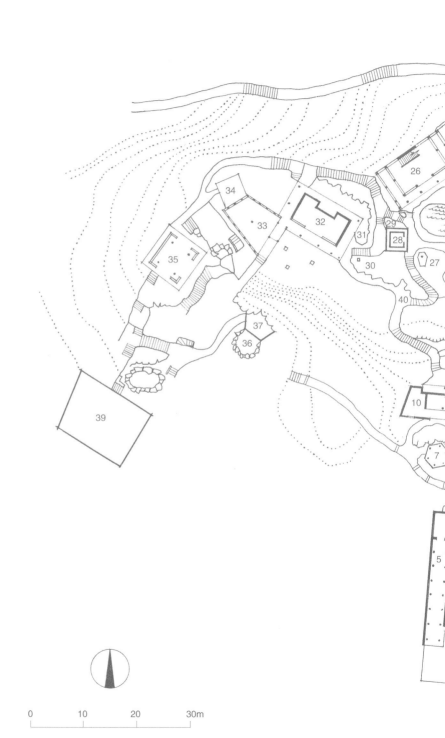

西泠印社

西泠说景（之一）

筑境 中国精致建筑100

0   10   20   30m

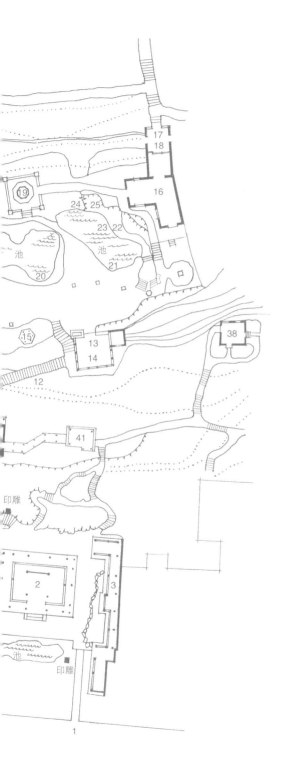

图4-1 西泠印社总平面图

1.入口；2.柏堂；3.石刻回廊；4.竹阁；5.竹阁回廊；
6.石坊；7.石交亭；8.仰贤亭；9.山川雨露图书室；
10.斯文*；11.印泉；12.鸿雪径；13.凉堂（下层）；
14.四照阁（上层）；15.剔藓亭；16.题襟馆；
17.鹤庐（上层）；18.后门（下层）；19.华严经塔；
20.文泉；21.闲泉；22.缶亭；23.锦带桥；
24.邓石如立像；25.小龙泓洞；26.观乐楼；
27.丁敬坐像；28.汉三老石室；29.岁青馆；
30.阿弥陀佛幢；31.潜泉；32.遁庵；33.还朴精舍；
34.鉴亭；35.左云右鹤之轩（已圮）；
36.六一泉（遗址）；37.六一亭（已圮）；
38.俞楼（居舍）；39.花架（已圮）；
40.小盘谷；41.宝印山房

*斯文是山川雨露图书室旁边的一个小房间。——编者注

a

图4-2a,b 西泠印社正门
（蔡红 摄）
粉墙灰瓦，花格窗棂，配以
古朴典雅的月亮门和门楣上
苍劲雄浑的"西泠印社"题
字，构成了西泠印社造园成
景的夺目开篇。

吴缶翁在《西泠印社图》中题诗曰："柏堂西崦数弓苔，小阁凌虚印社开。记得碧桃花发处，白云如水浸蓬莱。"

西泠印社素有"湖山最胜"之称，它整个园林面积不大，但布局精巧，别具匠心，可谓"方寸之间，气象万千"。造园家在借鉴中国传统艺术的同时，巧妙地运用"起"、"承"、"转"、"合"的构章手法，使整个孤山成景抑扬顿挫，气韵相承，似行书作画，或雄奇高古，或疏野清秀，表现出西泠造园鲜明的艺术个性和文化内涵，踏园寻印，更加耐人寻味。

当沿西湖白堤西行，经"断桥残雪"、"平湖秋月"，便来到了孤山脚下的西泠印社。眼前粉墙花棂，树影婆娑，古朴的西泠园门，别具一格。信步入园，思绪由外至内，

b

图4-3 正屋柏堂（蔡红 摄）
堂前柏树为南朝宋代陈文帝建广化寺时所植。其后，僧志诠作堂于此，称柏堂，年久屋圮。清光绪二年（1876年）重建，后划归印社。它曾是西泠印社社员研究印学、交流书画、会友入社的重要场所。

图4-4 竹阁（蔡红 摄）/对面页
始建于唐朝，原为白居易守杭期间用竹篱茅草所建。他每每出游湖山，总爱在此憩息，留下了"晚坐松檐下，宵眠竹阁间"的诗句。后于清光绪二年（1876年）重建。

收于园中。正屋柏堂坐北朝南，造型古朴，端庄典雅；东西两侧分别配建石刻碑廊和竹阁小屋，一湾清泉蜿蜒于庭园之中，波光倒影，泉池掩映；鹅卵石铺成的园中小径，曲曲折折，引人入胜。四周松柏成荫，修竹茂密，叠石参差，粉墙疏影，极富诗情画意。正屋柏堂原为孤山广化寺遗迹，始建于北宋，清光绪二年（1876年）重建，后划归印社。它曾是西泠印人研究印学，交流书画，会友入社的重要场所，印社的重大活动多在此举行。柏堂西侧的竹阁，也是孤山的古迹之一，始建于唐朝，据《咸淳临安志》载："白公竹阁，旧在广化寺柏堂之后"，是诗人白居易任杭州刺史时在孤山南麓用竹篱茅草所筑。他每每出游湖山总爱在此歇憩，留下了"晚坐松檐下，宵眠竹阁间"的诗句。庭园东侧的石刻回廊，则汇集了历代名家的书画佳作，其中有邓石如、吴昌硕的对联，王震、叶铭的书法及十六罗汉像刻石等等，印风墨宝，令人叹为观止。在建筑空间

图4-5 石刻回廊（蔡红 摄）
廊内墙壁上嵌有众多名家
的手笔石刻。其中有邓石
如、吴昌硕的对联，王震、
叶铭的书法及十六罗汉画
像刻石等。印风墨宝，令人
叹为观止。

图4-6 西泠印社石坊
（蔡红 摄）/对面页
石坊巧立于半坡之上，绿荫
丛中，构成了景观序列中
"起景"的结束和"承景"
的开始。石坊上端刻着桐城
张祖翼手写"西泠印社"隶
书横额，两旁石柱刻篆书楹
联："石藏东汉名三老，社
结西泠纪廿年"，款署"癸
亥冬，古杭丁仁撰句，仁和
叶铭书篆"（癸亥即1923
年）。

布局上，柏堂庭园采用了封闭式的造园手法，空间变化以收为主，建筑布局紧凑、主次分明，成为西泠印社乃至孤山园林欲扬先抑的造园开篇。

沿回廊西行，在半坡之上，山径石旁，有西泠印社石牌坊巧立于石阶之上，四域林木青翠，郁郁葱葱，绿荫之中的石交亭似隐似现，勾画出一种"峰回路转"的园林意境。拾阶而上，小憩亭中，高林蔽日，古木交柯，蝉噪鸟鸣，山幽林寂，好一派山林野趣。告别石交亭，沿石径而上，眼前已是"山穷水尽"，转而又行，仰贤亭和山川雨露室已近在眼前。仰贤亭是印社早期建筑之一，也是印社成立的重要标志。亭内墙壁上嵌有浙派师祖丁敬及二十八位印学先人的刻像和清代画家扬州八怪之一的罗两峰所绘的"丁敬身画像碑"。中央摆放着一尊刻文石桌，其文曰："龙泓印学开南宗，一灯相续传无穷，二篆八分校异同，和

西泠说景（之一）

◎筑境 中国精致建筑100

神如坐春风中。"其后还镌有"宣统二年七月，西泠印社丁仁铭，王寿祺篆，叶铭监造，吴隐刻石"等款跋文字，笔法雄健苍劲，设计精美别致。置身亭中，仿佛印语犹存、印人犹在，追忆往昔，敬仰之情油然而生。亭东由回廊相连，可直达宝印山房，它是社中收藏印人字画、金石印谱的地方。又东的数峰阁原为孤山旧址，今阁已废，仅有碑刻尚在，使人仿佛能找回那段最初的印社时光。西侧的山川雨露室是印社中吉金乐石，佳拓古玩的好去处。室内陈列着不同时期西泠印人的多幅佳作，专供游人参观、欣赏。在建筑布局上，仰贤亭以半开敞式的空间组合和怡人的建筑尺度，依山而建，造型简洁，古朴自然，既保持了山野环境，又点染了山林空间，成为印园的又一动人乐章。

出仰贤亭北上，眼前竹树茂密，遮天蔽日，巨岩之下，清泉满池，这就是印社中著名的"印泉"。印泉不仅泉水清澈，四季不涸，岩壁上的"印泉"石刻也是印社中唯一的一件由日本篆刻家篆写的石刻，款署长尾甲。长尾甲是印社1903年成立时入社的两位日本篆刻家之一，日本赞歧高松人，著名的篆刻家、汉学家，善山水，通诗书，尤精篆刻，当时印社同仁称他为"扶桑名士"。1914年，七十一岁的

图4-7 仰贤亭（恭红 摄）/对面页
建于清光绪三十一年（1905年），为印社创立之初的建筑物之一。亭内墙壁上嵌有二十八位印人画像刻石和清代画家扬州八怪之一罗两峰所绘的"丁敬身画像碑"。

吴昌硕先生曾给长尾甲画过一帧花繁干老的墨梅图，其题款中云："时长尾甲即将归国，沪渎结邻座三载，数典谈诗时却步……"，由此可知，长尾甲与吴昌硕先生有过三年的甚密交往，大约于1902年来到中国，1915年回到日本，并与吴昌硕先生及西泠印社结下了深厚的感情。

图4-8 宝印山房（蔡红 摄）
1913年建，后圮，1974年重建，在仰贤亭东侧，由回廊连接。山房为印社收藏印人书画、金石印谱的地方。东南面的空地为西泠印社发创之地数峰阁遗址，早圮，有碑尚存。

五、西泠说景（之二）

沿印泉东行，拾级而上，眼前青苔满阶，藤萝四绕，嫩绿的枝叶挂满了山径的花架，透过枝叶的间隙，小径上撒落着稀疏的光影，仿佛给它蒙上了一层神秘的面纱，这就是印社中的"鸿雪径"。"鸿雪"二字本出自苏轼诗句："人生到处知何似，应似飞鸿踏雪泥。泥上偶然留指爪，鸿飞那复计东西。""雪泥鸿爪"因此常常用来比喻往事遗留的痕迹。"鸿雪径"的神秘还在于它是印社中唯一庋藏私人印章的地方；西泠印人李叔同曾将自己心爱的私印藏于径旁的巨岩之下，历经数十年才被后人发现，此时李叔同早已身披袈裟僧居虎跑寺了。虽然对这位僧居"虎跑"的弘一法师（法号）藏印的初衷众说纷纭，但却给这小小的"鸿雪径"平添了一份传奇色彩。由山径转折

图5-1 印泉（蔡红 摄）
旧时为印社墙界，清宣统三年（1911年），年久墙圮，掘得一泉，以印名之。"印泉"石刻由日本篆刻家、印社社员长尾甲题书。这也是印社中仅存的长尾甲先生的唯一石刻作品。

图5-2 沿鸿雪径仰望四照阁（蔡红 摄）/对面页
"鸿雪"取自苏轼诗句"人生到处知何似，应似飞鸿踏雪泥"，它曾是西泠印人李叔同庋藏私人印章的地方。

西泠说景（之二）

◎筑境 中国精致建筑100

图5-3 小盘谷（蔡红 摄）

清光绪年间此处有室，后圮。清宣统三年（1911年）辟为一景区，前通遁庵、还朴精舍，上为岁青岩，下达印泉，旁边有阿弥陀经幢，还有"留云"、"笋禅"等石刻。小盘谷四域林木茂密，浓荫蔽日，令人流连忘返。

图5-4 题襟馆下的锦带桥（蔡红 摄）
桥长不过数步，有我国"最短石桥"之称，此桥是了仁用白堤上锦带桥的旧石栏移筑而成。山岩碧泉，小桥流水，自成天然之趣。

而上经凉堂可直达山顶庭园。整个线路组织简洁、空间变化平直，主要突出印社内部的交通功能。

　　沿印泉西行，绕巨石而上，这就是印社中有名的"小盘谷"了。环顾四周，长松修竹，浓荫蔽日，曲径幽邃，静窈萦深。细读岩壁石刻，除径尺大楷"小盘谷"外，还有清代学者俞樾在光绪七年（1881年）所篆的"竽禅"和同治元年（1862年）李黼堂写的"留云"等等。按印社草创为光绪三十年（1904年）计，上述石刻的完成皆早数十年，由此可见，西泠孤山社址从来

西泠说景（之二）

筑境 中国精致建筑100

图5-5 由遁庵仰视岁青岩上的汉三老石室（蔡红 摄）
旁边的阿弥陀经石幢于民国12年（1923年）由社员吴熊舍资敬造，弘一法师写经。

图5-6 华严经塔"夹景"（蔡红 摄）/对面页
沿岁青岩石阶转上，可见由观乐楼和汉三老石室构成的华严经塔的"夹景"，是景观序列转换的经典之作。岁青岩在汉三老石室下面，于1918年由印社创始人吴隐捐建，崖壁上刻有吴昌硕书《岁青岩》。

就是文人啸傲、墨客觞咏的胜地。故凡游人至此，无不顿生林泉逸兴而流连忘返。沿小盘谷西行，为印社的遁庵和还朴精舍，半山之下还有孤山遗迹"六一泉"，它们都是印社早期活动的场所；建筑造型古朴雅致，空间构成亲切自然，成为又一处庭园景观。由遁庵北上，景观变化由放到收，再由收到放，构成了沿线层出不穷的景观变化，无论是青岩老树，还是塔影楼辉，每一个组合，都构成了一幅别致的风景。最后当你登临山顶，展现在你眼前的则是一幅西子湖山的风景长卷；开放的空间伴随着思绪的延伸，构成了西泠造园先起后承，转折收合的景观组成。

图5-7 观乐楼（蔡红 摄）
建于1920年，曾是印社首
任社长吴昌硕先生工作和
生活的地方。1957年辟为
"吴昌硕纪念馆"，馆内陈
列着由吴昌硕之子吴东迈捐
赠的部分吴昌硕书画和篆刻
作品。

作为整个景观序列高潮和收合的山顶庭
园，则是通过不同高差变化的观乐楼、汉三老
石室、四照阁、题襟馆和华严经塔的巧妙组合
和布局灵活的园林空间，也是孤山造园的精华
所在。岁青岩旁的观乐楼是1920年由吴隐重
孙吴善庆捐建，据丁仁《观乐楼记》中说：
"遁庵之后有楼，名曰观乐，横览西湖，全景
在目。"由于观乐楼取势较高，前后均可俯瞰
西子湖山，所以也就有了"合内湖外湖风景奇
观，都归一览"的楹联佳句。吴昌硕每次来杭
州都在此居住，室内至今还保存着这位大师当
年的作品和遗物，现已开辟为吴昌硕先生纪念
室。与观乐楼一水之隔的汉三老石室，是为纪
念被誉为"浙东第一石"的汉三老讳字忌日
碑而特意修建的，建筑造型古朴，色彩凝重，
耐人寻味。吴昌硕在《汉三老石室记》中写
道："夫三老碑，东海片石耳，就不忍其沦于
异域，而图永久保存之，矢有什百千万于斯石

a

图5-8 题襟馆（蔡红 摄）

又名"隐闲楼"。1914年由上海题襟馆书画会会友募
集书画易资兴建。室内墙壁上嵌有丁敬《研林诗墨》等
刻石，后与鹤庐相连，中间天井石栏杆上刻有康有为书
"湖山最胜"。

b

西泠印社

西泠说景（之二）

a

图5-9 华严经塔（蔡红 摄）
于1924年在原四照阁遗址上修建，塔高十一层，由青石雕琢而成。自下而上，依次刻有华严经、金刚经和佛像，石座边缘还刻有十八应真像。塔身造型古朴俊秀，秀丽挺拔，成为西泠印社的重要标志。

b

图5-10 山顶庭园（蔡红 摄）

由观乐楼、汉三老石室、四照阁、题襟馆和华严经塔围合而成的山顶庭园，交错运用建筑、山岩、泉池、竹丛、树木来分隔空间，布局紧凑、景色自然，成为孤山造园的精华所在。

者，而忍恝弃之耶？"这段话表达了当年赎回三老碑，构筑三老石室这一义举所包含的爱国主义精神。在山顶庭园中，与"汉三老石室"和"观乐楼"遥相呼应的"四照阁"和"题襟馆"，则是西子览胜的最佳去处。四照阁始建于宋朝，原址在今华严经塔处，后迁址于此。它临崖而筑，轻盈别致，构成了绝佳的建筑观景之势，近可俯瞰全园风景，远可纵览西子湖山，故有"左眺平湖之秋月，右挹曲院之风荷"（汪承启《四照阁记》）之句。多年以来，文人墨客多在此题咏，如1914年由叶翰仙撰、孙锦书写的对联"面面有情，环水抱山山抱水；心心相印，因人传地地传人"曾悬于门的两侧，后被毁。

图5-11 小龙泓洞（蔡红 摄）
是为纪念"浙派"印人丁敬（别号"龙泓外史"）于1922年开凿的，洞内有石刻，洞前有石雕"奕隐遗枰"，上刻棋枰。小龙泓洞石刻，由著名书法家叶铭题记。

图5-12 过小龙泓洞可直达印社北山门（蔡红 摄）/对面页
小龙泓洞的开通，不仅使前后庭园相互贯通，也使整个成景序列更加完整，有"不尽尽之"的造园意境。

坐落在孤山最高处的题襟馆，则是以丁敬的"研林诗墨"真迹石刻而独领风骚。题襟馆又名"隐闲楼"，早在西冷印社成立之前，吴昌硕、吴隐等人曾在上海组建过一个"上海题襟馆"的书画会，后苦于"市声如沸、嚣且尘上"，欲求"山川云日之助"，故在印社成立之初，即打算迁于印社中。后吴昌硕被推任社长，此馆亦成为印社的一个组成部分，方与印社诸庐偕立于湖山之上，"得山川之灵气，受日月之光华"。作为印社标志和制高点的华严经塔，恰在山顶庭园水平和垂直构图的平衡点

筑境 中国精致建筑100

上，塔身造型古朴俊秀，秀丽挺拔，远远望去好似孤山之上的一块碧玉，成为印社空间构图和意境升华的焦点。塔下的文、闲二泉，似两颗山顶明珠，镶嵌在布局精美的山顶庭园之中；泉池随岩势逶转而成，小桥卧波，山影水色，形成了前庭后岩的天然分隔。泉边规印崖下的小龙泓洞，是为纪念浙派先祖龙泓外史（丁敬之号）于1922年开凿的。小龙泓洞的开通，不仅使前后山顶庭园相互贯通，也使整个成景序列更加完整，有"不尽尽之"的造园意境。

六、柏堂

图6-1 柏堂（蔡红 摄）

柏堂原为北宋僧人志诠所筑，清光绪二年（1876年）重建；后又历经修复，为印社主要印学活动场所。它东有石刻回廊，西邻竹阁，北依孤山，面朝西子，前辟莲花池，四周广植柏树，构成了绝佳的造园定堂之势。

"访三老碑亭，东汉文留遗迹在；问八家金石，西泠社近断桥边。"

这副楹联是由著名金石家、书画家方介堪先生于1983年题写，在西泠印社八十周年纪念时新挂在柏堂廊柱上。联语高度概括了西泠印人几十年来，远绍东汉、近承八家的印学历史和学术渊源。柏堂作为印社中的主要活动场所，也成为印社近一个世纪沧桑变迁的历史象征，风风雨雨，几经修复，但却古韵犹存，风采依旧，成为西泠历史发展和造园成景的重要标志。

据史料记载，柏堂原为北宋僧人志诠所筑。《西泠印社志稿》中说："柏堂：《西湖志》载此古迹。原迹久圮。清光绪二年（1876年）丙子重建，俞樾题额；跋云：柏植于陈，堂建于宋，年久迹庵；因建蒋公祠得其故址，筑堂补柏，当书此额。"柏堂大约于1913年

图6-2 柏堂回廊（蔡红 摄）

柏堂的设计采用了江南园林中常用的四面厅做法，四周绕以回廊和大片格扇长窗，屋顶采用歇山形式，并运用了"水戗发戗"的处理手法，使整个建筑造型寓轻盈于凝重之中，成为印社治学求印的象征。

◎筑境 中国精致建筑100

图6-3 柏堂室内
柏堂室内陈设简洁，装饰典
雅，"柏堂"匾额为清代文
学家俞曲园手书。《西泠印
踪图》两侧的对联："大好
河山归管领，无边风月任平
章"由岭南诗人许奏云撰，
简琴斋书。柏堂现为西泠史
迹陈列馆。

正式划归印社，整个柏堂庭园造园布景的完成也正是在这个时候。柏堂背依孤山，面朝西子湖，东临石刻回廊，西接竹阁小庐，前辟莲花池（旧称"小方壶"），构成了极佳的定堂立基之势；庭园中精心配置的松、竹、梅等植物，用来比拟文人雅士的高洁品格，更加突出庭园造景幽雅、静僻的园林意境。在建筑设计上，柏堂采用了江南园林中常用的四面厅做法，面阔三间，其中中部明间较大，次间较小；为便于观景，四周绕以回廊和大片格扇长窗，不作墙壁。屋顶采取歇山形式，并运用"水戗发戗"的处理手法，使整个建筑造型寓轻盈于凝重之中，飘逸而不失稳健，高古而不失典雅，成为印社治学求印的象征。

步入柏堂，首先映入眼帘的是绘有《西泠印踪图》的巨幅屏风，画面构图简洁，线条洗练，表现出五位印社创始人栩栩如生的人物个性和创社之初的历史画卷。环顾四周，简洁

a "略观大意"印

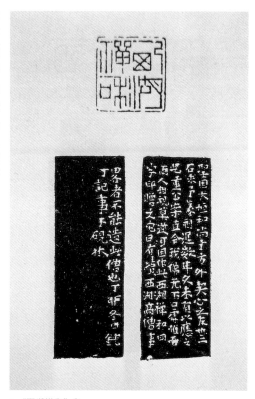

b "西湖禅和"印

图6-4 "略观大意"和"西湖禅和"二印
均系浙派创始人丁敬所作。丁敬印章"集秦汉之精华,变文
何之蹊径";线条斑驳苍劲,拙朴强挺,具有高古雄健、洗
练雄浑的艺术风格。

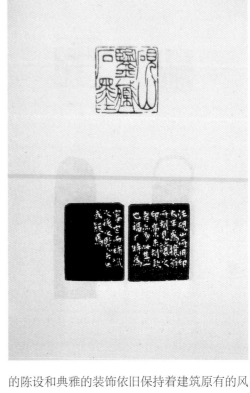

图6-5 吴让之"砚山鉴藏石墨"印

吴让之师法邓石如，并进一步完善了邓派印风。邓派篆刻艺术寓"婀娜"于"刚健"之中，使"刚"与"柔"的结合达到了几乎完美的程度。

的陈设和典雅的装饰依旧保持着建筑原有的风貌；四周窗扇间挂满了九十年风雨历程的西泠史话，一件件精美的印章布满了饱经沧桑的西泠柏堂。看着眼前的一切，使人仿佛又想起西泠印人探研六书、切磋印学的情景和一幕幕难忘的柏堂故事。

1913年春，西泠印社著名的"兰亭纪念会"恰逢在这里举行。"兰亭纪念会"是为纪念王羲之撰写《兰亭序》第二十六个癸丑年而举办的，它也是印社正式成立前夕最大规模的一次纪念活动。1913年4月7日，在多方人士的共同努力下，"兰亭纪念会"同时在杭州孤山和日本东京举行，它因此也成为中日共同举办

图6-6 西泠印社保存的印章"明月前身"和"缶庐"二印均系印社首任社长吴昌硕所作。"明月前身"一印为吴昌硕先生66岁时为怀念前妻章氏所作,印风古朴典雅,凝重劲健。"缶庐"一印,四边残破,文字斑驳,满载千古风韵。

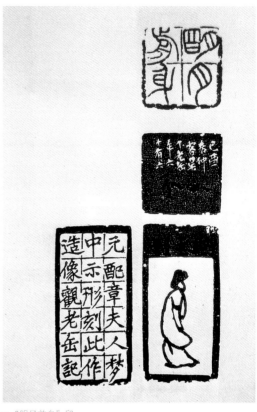

a "明月前身"印

b "缶庐"印

书画交流活动的重要标志。日本的"兰亭纪念会"是由东京的日下部鸣鹤、中林梧竹和京都的内藤湖南发起的，分别在东京和京都举行了规模盛大的展览和纪念活动。而在中国，则由西泠印社出面，分别在绍兴的兰亭故址和杭州的孤山柏堂举办了"兰亭纪念会"，与会者有百人之多，盛况空前；其中既有在华的日本书法家长尾甲、高濑惺轩，还有印社方面的主要人物吴隐、曹蘅史等人，日本社员河井仙郎在他撰写的《西泠印社修禊纪盛》中曾有这样的记载："今年为晋永和九年后第二十六癸丑，西泠印社举行兰亭纪念会。是日天朗气清，与会者无虑百人，类擅郑虔三绝之长技。庭中设有右军画像及永和九年古甓，别具长几，供客染翰，相与贻赠。又各出金石书籍交换，会中陈列名书古画多至三四百种，皆藏家精品……即席题咏，爰为摄影全图，以志一时之盛云。"由此看来，在孤山柏堂举行的"兰亭纪念会"，既是书画展览和印学交流的一次机会，也是印社正式成立前的一次检阅，为同年秋天西泠印社的正式成立作好了准备。柏堂因此也成为印社历次纪念活动的主要场所。

在今天柏堂的西泠史话中，依然可以找到当年那张发黄的旧照，它像每一篇西泠史话一样，讲述着那段西泠的历史、印学的往事和每一个关于柏堂的故事。

七、石碑和石室

中国书法向来有"北碑南帖"之说，说到碑的起源，可以追溯到周代。当时的碑大体上可以概括为三种：一是宫寝庠序中庭测日景之石；二是庙中系牲之石；三是墓所下棺之大木形如碑。由此可见，早期的碑与后来的碑在形制上有较大的差别。据近代考古学家马衡先生考证，刻文于碑是汉代以后的事。《凡将斋金石丛稿·中国金石学概要》一书中也说："碑，用以刻辞，果始自何时?曰，始于东汉之初，而盛于桓、灵之际，观宋以来之所著录者可知矣……。"现存石碑中，西汉石碑极少，今人所称汉碑，多指东汉的隶书石碑。但是这一时期的书碑人又很少署名，所以书碑之人很难考证。到三国时，曹丕所立的"受禅碑"和东吴的"天发神谶碑"等都较为有名。而碑书

图7-1 汉三老讳字忌日碑
汉三老碑距今已有近一千九百多年的历史，清咸丰二年（1852年）在浙江余姚县出土。"三老"为汉代地方官名，此碑记录了一位名通的三老祖孙三代的名字（讳字）和祖、父辈去世的日子（忌日）。碑额断阙，碑文保存完好，共计二百十七字。

图7-2 岁青岩上的汉三老石室（蔡红 摄）/对面页
建于1922年，建筑造型古朴典雅，与众不同。室内收藏了"汉三老讳字忌日碑"（高二尺九寸，宽一尺四寸五分，厚二寸三分）和"汉齐桓公吴王画像刻石"等历代碑刻。

图7-3 汉三老石室和丁敬拄杖端坐像（蔡红 摄）/前页

古朴的造型，凝重的色彩，幽静的山林，端坐的老人，一幅栩栩如生的"龙泓说碑图"。

真正的繁兴是到了南北朝时期，吴、东晋、宋、齐、梁、陈为南碑；北魏、北齐、北周为北碑，其中流传最普遍的要数北魏碑，如"洛阳龙门二十品"、"张猛龙碑"等等，碑书笔法雄浑，风格各异，成为当时的代表。至隋统一天下，南北书体合二为一，下开唐代欧、虞、褚、薛之风，虽造诣完美，但仍不能超脱北魏之风。宋朝以后，碑书变化较小，影响力也不大。所以从历史来看，保存较好的最早的石碑首推汉碑，而碑书最具代表性的则公推南北朝，其中又以北魏碑成就最高；北魏碑书高古雄浑，丰姿俊逸，精彩纷呈，具有较高的历史价值和学术价值。

图7-4 文泉旁的三老石室（蔡红 摄）

"我思古人，有扁斯石；其究安宅，莫高匪山"，这是汉三老石室东面石柱上的一副楹联，系由印社同人吴兴张均衡选集《诗经》中的诗句组合而成。此联借古咏今，讲述了那段"三老石碑去复还，天教灵气壮湖山"的印学往事。

现存西泠印社中的汉三老石碑，就是这样一块被誉为"浙东第一石"的稀世珍品。近代艺术大师吴昌硕先生曾为此石作《汉三老石室记》，足见其珍贵。"汉三老讳字忌日碑"，是东汉建武二十八年（公元52年）五月立，清咸丰二年（1852年）在浙江余姚出土的，"三老"本是汉代的地方官名。此碑记录了一位名通的三老祖孙"三代"的名字（讳字）和祖、父辈去世的日子（忌日），碑额断阙，碑文保存完好；全文共四部分，每部分按四、五、六行排列，每行有六至九字。全碑共计二百十七字，书体介于篆隶之间，运笔浑厚遒劲，高古典雅，是国内为数不多的汉碑真迹。在俞曲园的《春在堂随笔》、方若雨的《校碑随笔》、魏稼孙的《绩语堂题跋》、张松坪的《二铭草堂金石聚题跋》、谭仲修的《复堂日记》及傅节子的《华延年室题跋》等中均有著述。汉三老碑也是现今浙江省内仅存的两件东汉石刻艺术品之一（另一件是《大吉碑摩崖石刻》）。当漫步西泠，瞻仰这斑斑汉迹之时，可曾知道在这石碑的背后还有一段鲜为人知的印学故事呢！

汉三老石碑是咸丰二年由浙江余姚周世熊在自己家园内掘得的，后因战乱，周家毁于大火，此石幸存，余姚县志中把它定为"浙东第一石"。六十年后，石碑辗转来到上海，为丹徒陈渭亭所得，当时有很多外国人想以重金购买此碑，运至国外。消息传出，在上海的西泠印社社员吴昌硕、丁辅之等人立即联合浙江同乡好友四

筑境　中国精致建筑100

处游说，发起了书画义卖，筹资赎碑的活动。为了赎回三老碑和营建西泠三老石室，印社还发布了募捐公启，公启中写道："吾浙汉以前碑最少，会稽刻石既已澌灭无存，若费氏三碑仅见著录，原石亦不可复见，今尚存者惟《大吉碑摩崖刻石》及此碑耳。而此碑文字尤奇古完整，若任其转徙，或竟流于禹城之外，使后生学子不复得见汉人遗迹，岂非吾邦人之耻耶？……今拟由我乡人醵金以原价返诸陈君，仍归此碑于浙，择西泠印社隙地，建石室以复之。"除了捐助之外，由吴昌硕、倪墨耕、何诗孙、陆廉夫、王一亭、丁辅之、王福庵、吴隐等人各捐献书画印谱十件，古画三十件，举行义卖。经过印社社员和浙江同乡的共同努力，最后以八千元巨资将此碑赎回，携归至杭州西泠印社，并于民国11年（1922年），在孤山之巅的观乐楼前筑三老石室，以供陈列。

三老石室，在建筑布局上采用了中国传统山地建筑中的"吊"式处理手法，使整个建筑灵巧地飞架于岁青岩之上；建筑造型古朴典雅，与众不同。重檐塔式的屋顶处理，配以四周的格窗，形成了自己鲜明的艺术个性，仿佛在告诉人们那段并不寻常的印学往事。古朴的造型，凝重的色彩，幽静的山林，点缀以端坐的龙泓老人和精美的阿弥陀经幢，好一幅"龙泓说碑图"。此情此景，使人不禁想起诗人许炳璈的一首七言绝句："三老神碑去复还，天教灵气壮湖山；漫言片石无轻重，点点犹留汉土斑。"

西泠的这段印学佳话，就像这悠悠青石，斑斑汉土一样，万古流芳。

八、四照阁观景

北宋诗人郑獬在《登四照阁》中写道：

"湖山天下之绝景，群山绕湖千百重。

碧笋四插明镜绿，此阁正落明镜中。

当轩不置窗与槛，湖光山色还相通。

侧身似闻天仙语，接手便欲翻长空。"

四泠四照阁始建于北宋初年，原是钱塘关鲁的别业，距今已有近千年的历史，后废。于明朝天顺年间由郡守胡浚重建，原址在今华严经塔处，后于1914年印社成立之初，迁建于凉堂之上，崖石之旁，成为印社中"尽收城廓归檐下，全贮湖山在目中"的观景胜地。

计成在《园冶》中说："阁皆四敞也，宜于山侧，坦而可上，便以登眺，何必梯之。"四照阁在空间布局和建筑设计上完全符合这条原理，充分展示了楼阁建筑的艺术魅力。它巧取岩崖之势，四周开窗，东、南、西三面均可俯瞰西湖秀色，北部直接与山顶庭园相连。建

图8-1 四照阁仰视（蔡红 摄）
四照阁始建于北宋初年，明朝天顺年间郡守胡浚重建，后废，原址在今华严经塔处。1914年西泠印社重建，迁址于凉堂之上，是印社中俯瞰西子湖山的观景胜地。

西泠印社　四照阁观景

图8-2 四照阁（蔡红 摄）
四照阁取北宋诗人郑獬诗句"当轩不置窗与
槛，湖光山色还相通"之意，东、南、西三面
均可俯瞰西湖；整个建筑轻盈别致，玲珑剔
透，配以四角飞翘、高檐凌空的屋顶造型。

筑平面为正方形，玲珑剔透，轻盈别致，配
以四角飞翘，高耸凌空的屋顶造型，有如飞
鸟展翅。每当游人沿山径迂回而上，观赏泉
石之余，欣然步入阁中，凭槛远眺，近水远
山，湖光山色，尽收眼睑。四照阁观景，
因此也成为西泠造园借景和序列成景的空
间延续。

　　"面面有情，环水抱山山抱水"；
　　"心心相印，因人传地地传人"。

　　这是1914年迁阁不久，由西泠印社墨
君女史叶翰仙撰，织云女史孙锦题写的一副
观景对联，此联不仅赞美了四照阁山水环抱
的景观特色，同时也概括了西泠印社"人以
印集，社以地名"的观景之情，有景有情，
情景交融，充分展示了中国传统建筑观景
立意的魅力所在。中国传统建筑的观景常常
与人们对风景的不同感受和心境相联系的，

筑境 中国精致建筑100

图8-3 登阁远望（蔡红 摄）

登阁远望，千峰连环，一碧万顷，西子秀色，尽收眼底。令人回忆起"环水抱山"、"因人传地"那段印学、印社的往事。

四照阁观景

镜境 中国精致建筑100

是一种"情"与"景"相融，"心"与"物"交流，因此才有范仲淹在岳阳楼上的"阴风淫雨"则"满目萧然"，"春和景明"则"心旷神怡"；马致远的"夕阳西下，断肠人在天涯"；四照阁的"面面有情"、"心心相印"的观景意境。当我们置身阁中，极目所望，群山环抱，千峰连环，山光水色，一碧万顷；湖心岛、阮公墩、小瀛洲好似三块精心雕琢的绿色翡翠，镶嵌在碧波如镜的西子湖上，柳圩花坞，游舫点点，一幅"水光潋滟晴方好"的美景跃然眼前。而每当江南春雨，流动的水气，聚散的云雾，明暗的光线又构成了一幅变幻莫测的山水长卷。此情此景，怎能不使我们追思那些营造出如此迷人景观的古人呢？

九、石雕、石刻和印泉

石雕、石刻和印泉

築境 中国精致建筑100

a

b

图9-1 缶龛、缶亭（蔡红 摄）

1921年在闲泉岩壁上开凿的缶龛，安放着
艺术大师吴昌硕的铜铸坐像。对联"金仙
阅世，石室遁形"（下款署"辛酉仲冬，
王震"），高度概括了吴昌硕先生追求艺
术，淡泊功名的一生。它与山顶庭园中的
丁敬、邓石如两尊石像一起，构成了一幅
绝妙的"西泠话印图"。

漫步西泠，说景话印，人们不时会被路旁泉边那一件件精美的石雕和石刻作品所吸引，无论是印学人物、名家墨迹，还是印雕题跋、壁崖石刻，每一件艺术品都散发着浓郁的印学气息，成为西泠印社中独具魅力的园林景观。

西泠石雕可分为两类，一类是以印学人物为主的人物雕刻，另一类则是取意印章造型的石刻印雕。它们各具神采，点缀于径边泉旁，崖下石上，成为西泠造园中又一道独特的风景线。在西泠的人物雕刻中，又以山顶庭园中三位印学先人的雕像最为经典。三老石室旁端坐的浙派宗师丁敬，小龙泓洞旁手拿斗笠、风尘仆仆赶来的邓派先祖邓石如和闲泉之畔、规印崖下"缶亭"中端坐的吴昌硕，三位印人仿佛

图9-2 柏堂后"西泠印社八十周年纪念"印雕（蔡红 摄）
它取法印章造型，做工精巧，别具匠心，成为西泠印社造园布景的一绝。

石雕、石刻和印泉

筑境 中国精致建筑100

忘记了岁月，远离了门派，跨越了时空，永远地相聚在了一起，似侧耳聆听东浙的涛声，又好似在话说西泠的印学；它们与庭园中的山岩、石刻、泉池、竹林、建筑一道，共同构成了极富生机的印园空间，永远地凝固在了孤山之上，西泠桥边。

说到"缶亭"的由来和其中端坐的艺术大师吴昌硕，还流传着一段动人的印学故事。1882年，一次，吴昌硕先生的同乡好友金俯登门拜访，送给吴昌硕先生一个刚刚出土不久，锈土未干的小陶缶，此物高仅五六寸，略呈扁形，灰色无釉，了无文字，朴陋可喜。此景此物，不禁勾起了吴昌硕对往事的追忆。想起当年流落江淮皖鄂，风餐露宿，经年劳累，久病少盐，使他患上了膨腹病，幸亏一农妇用自家陶罐（类似"缶"）中的腌菜给他吃，又调养数日，病情始有好转，方才上路。待他数年后回来寻找那位恩人时，却只见房坍人去，万般凄凉。多少年来，此事一直萦绕在吴昌硕的心中，今又见此物，触景生情，对这小小的陶缶怀有一种特殊的感情。后来他便以"缶"的古朴拙实作为自己道德修养和艺术追求的目标，将"缶"字作为自己的别号和斋名，如"缶庐"、"缶翁"、"老缶"和"缶亭"等等，

图9-3 潜泉（蔡红 摄）/对面页

在遁庵后，于1915年挖掘，泉水清冽，倒影依稀，相传曾有"水母"出现。岩壁上有石刻"潜泉"（佚名）和吴隐书《潜泉记》。

石雕、石刻和印泉

筑境 中国精致建筑100

并在一款跋中写道："此缶不落周秦后，吾庐位置侪箕帚，虽不求美亦不丑。君不见，江干茅屋杜陵叟……兴酣一击洪钟吼，廿年尘梦惊回首。""缶"从此也就与这位艺术大师结下了不解之缘。

西泠印社中星罗棋布的印泉和泉边崖旁那风格各异的篆文石刻，构成了西泠印社又一重要的园林景观。西泠的印泉，既有印人的精心开凿，也有筑庐立基时的偶得，泉池点点，宛自天成。从柏堂前的"莲花池"，到仰贤亭后的"印泉"；从观乐楼旁的"潜泉"，遁庵下的"六一泉"，到山顶庭园中的"文"、"闲"二泉，似颗颗明珠，镶嵌在孤山的青岩碧翠之中，山水相得，古远诱人。仰贤亭后的印泉旧为印社的墙界，1911年久雨墙圮，掘地得泉，1913年加以疏浚，取"借印订交"之意，遂名"印泉"。观乐楼下的"潜泉"是1915年因修筑"遁庵"，铲石坯土时导为一渠，后吴隐命人凿之，遂得一泉。泉水清洌，清亮见底，据说曾有"水母"出现，在印社一时传为趣谈。山顶庭园中的"文泉"，是印社成立之初由印人精心开凿而成的，由晚清学者俞樾题名，取"文思泉涌"之意，泉水清澈，冬夏不涸。"闲泉"于1921年由张均衡出资凿筑，后与文泉相通，形成了山地造园中难得的

图9-4 山顶庭园中的"文"、"闲"二泉（蔡红 摄）/对面页水借天光，泉映山影，使"天光云影"方能徘徊于"半亩方塘"之中。

石雕、石刻和印泉

◎築境 中国精致建筑100

a 石刻"西泠印社"

b 石刻"小龙泓洞"

图9-5a~d 石刻（蔡红 摄）

"西泠印社"（钟以敬书）、"小龙泓洞"（叶铭书）、"闲泉"（佚名）、"规印崖"（高时显书）四幅石刻。它们风格各异，古朴诱人，散发着浓郁的印学芳香，使人触目流连，回味深长。

c 石刻 "闲泉"

d 石刻 "规印崖"

石雕、石刻和印泉

筑境 中国精致建筑100

山顶泉池。泉池东西长约40米，南北宽5至8米，呈 "S" 形，有石板小桥横卧水面，水借天光，泉映山影，春夏秋冬，四序风景，都浓缩在了这 "半亩方塘" 之中。泉边崖壁上的一幅幅篆文石刻，"西泠印社"、"规印崖"、"小龙泓洞" 等等，也都散发着浓郁的印园芳香，使人触目流连，回味深长。

西泠的每一幅石刻，每一座石雕，每一池清泉，就好像一段印园往事，写满了印社沧桑的年轮，我们欣赏它们，更加敬仰那些为之奋斗的西泠印人。

十、西泠印学

篆刻艺术是我国独有的优秀传统艺术。据史料记载，早在殷周时代就有印章的出现，到春秋战国时代已普遍使用，迄今已有三千多年的历史。由于篆刻材料多取于金属（如铜）或石材，故又称之为"金石"。从春秋战国时代的"肖形印"，到汉代乃至唐宋时期的"成语印"、"吉语印"、"书画印"、"收藏印"，以及后来的"斋馆印"、"别号印"、"词句印"等等，印章领域逐渐从官印向私印转移，且内容和形式也随之更为多样。在我国印学发展史中，公认汉印的成就最高，它们多以缪篆入印，结构严谨，沉雄浑厚，成为印章在文字使用上的一次重要变革。隋唐之后，随着书体的演变，纸张的普及，印色的使用，书画的繁兴，更加促进了印学的发展，至宋代开

图10-1　柏堂庭园中的"西泠印社成立八十五周年纪念社员题名刻石"（蔡红 摄）
这枚条形狮钮石章，高155厘米，宽30厘米，四边刻着印社134名社员的题名手迹，成为西泠印学名家荟萃、人才辈出的象征。

图10-2　观乐楼前吴昌硕与日下部鸣鹤结友百年铭志碑（蔡红 摄）/对面页
日下部鸣鹤先生是日本最早吸收中国碑学书法而创立"鸣鹤流"的著名书法家，1891年来江浙一带游学，与吴昌硕先生结下了深厚的友谊（此碑由日本天溪会赠送）。

始出现了印谱，文人中也兴起了研究金石印学之风。明代中叶，由于易于镌刻的石材的引入，从此改变了文人书画，匠人制印的局面，制印者自篆自刻，形成了中国传统文化中诗、书、画、印结合的特有的文化韵味。明清以来，印学繁兴，流派纷呈，名家辈出，形成了中国印学史上空前的繁荣，涌现出一批才学精湛，成就卓著的印学人物。其中较有影响力的印学流派有：以丁敬为代表的"浙派"，以邓石如为代表的"邓派"，以文彭、何震为代表的"文何派"，以程邃为代表的"歙派"，以黄士陵为代表的"黟山派"和以吴昌硕为代表的"吴派"等等。正是他们使明清的中国印坛百花争艳、充满生机，为中华的印学文化写下了辉煌的一页。

西泠印社正是在继承传统印学艺术的基础上，于20世纪初成立的一个集印学研究，文物考证，金石收藏、学术交流于一体的印学团体；印社一经成立，就提出"保存金石，研究印学"的印社宗旨，印社虽名西泠，却不以自域，"汇流穷源，无门户之派见；鉴今索古，开后启之先声"（胡宗成《西泠印社记》）。他们抢救印石，保存印谱，鉴定和收藏名人佳作，吸收和培养印学人才。印社中涌现了一大批著名的书画家、金石家和篆刻家，像近代的吴昌硕、黄宾虹、胡菊邻、来楚生、童大年、傅抱石，现代的张大千、潘天寿、张宗祥、马衡、沙孟海、赵朴初、启功、吴作人等等，这也使它逐渐成为中华印坛上最具影响力的印学团体。

a 印章

b 印章

c 书法、绘画

d 印谱

图10-3 西泠印社收藏的书法、绘画、印章和印谱

在西泠印社的收藏品中，既有名家的传世书画，也有自汉以来历代的印章和印谱。它们从一个侧面反映了西泠印学几千年来远绍东汉、近承八家的学术渊源和印学成就

在印社的成员构成上，它吸收了篆刻、书画、金石、鉴定、考古、收藏和文学等多方面的人士，成为一个综合的、多元化的学术团体。在印社社员中有集书、画、印三绝于一身的大名家：吴昌硕、黄宾虹、胡菊邻、来楚生；有擅书又擅印的名家：丁仁、王福庵、叶品三、沙孟海；还有在印学上有特殊造诣的人物：方介堪、方去疾、韩登安、高式熊；而丁修甫、汪承启、胡宗成、唐源邺，则是集印学研究、鉴定、收藏于一身的印学名家。许多社会名流和文化人士也是西泠印社的重要成员，像前故宫博物院院长马衡、著名教育家经亨颐、虎跑高僧李叔同（法号"弘一法师"）、词学家朱考臧、王国维、沈曾植、夏承焘等。此外，印社与许多日本篆刻家也结下了深厚的友谊，如长尾甲、日下部鸣鹤、青山杉雨、今井凌雪等。印度诗人泰戈尔曾于1924年访问杭州，慕名西泠，亲自前往参观。印社的艺术成就和收藏的艺术品给他留下了深刻的印象，他把精美的书法和篆刻誉为中国特有的艺术，他从那一直一横的挺秀和矫健中同样领略到了中国艺术的魅力。

鉴定和收藏文物、金石，是西泠印社对印学的又一杰出贡献。除了前面说到的"汉三老石碑"外，印社还收藏了魏、晋、唐、宋、元至明清各个时期的墓志碑和各种石刻，涌现了一批造诣高深的鉴赏家和收藏家。除了丁仁、王褆、叶铭、吴隐四位创始人之外，还有葛氏的传朴堂、俞氏的荔庵、胡氏的敏求室、高氏的乐只室、张氏的望云草堂等，国内明清以来的书法篆刻作品多由以上各家收藏。印社著名鉴定家、收藏家阮性山先生曾有一段颇为有趣的收藏故事，王树勋在自己的回忆录中这样写道："一天上午，阮老见到我时就对我说，在众安桥的一家旧货店里，有四个红木镜柜，标价仅二十四元；镜柜里是赵之谦（'邓派'传人）的书画，快去人买来，像这样物美价廉的机遇，阮老是只给印社的。"

在编辑印谱和著书述印方面，西泠印社更是硕果累累。除了各位社员自编自刻的印谱之外，还编印了许多古人的印谱，其中最著名的是丁辅之的《西泠八家印谱》、汪承启的《小飞鸿堂印谱》、吴隐的《古陶存》、《古砖存》和《古泉存》等十余种印谱。此外，还有叶铭的《手摹周秦玺印谱》、黄宾虹的《冰铚古印存》和王福庵的《福庵藏印》等等，这些印谱的编辑出版，对于印社丰富印藏，研究印学都具有极为重要的意义。在印学论著方面，又以叶铭的《广印人传》、王匊昆的《治印杂说》、沙孟海的《印学史》和王福庵的《说文部属检异》最为著名，在学术界产生了很大的影响。在印社编辑的出版物中，既有精选的历代孤本善本重刻重印的作品集，还有古今名人的专集及合集书画册，光丛书就有《遁庵金石丛书》（十五种）、《遁庵印学丛书》（十七种）、《篆学丛书》（三十种）之多，范围之广，水平之高，深为学术界所重视，其中不少已成为今天公私收藏的珍本。

博大的西泠印学赋予了西泠印社无穷的艺术魅力。印美、山美、水美、园也美，正如西泠印人自己所写的诗句：

"环水抱山山抱水"（叶翰仙 撰）；

"呼吸湖光饮山绿"（丁仁 题）；

"留得西泠干净土"（朱考臧 诗）；

"管领湖山属印人"（王国维 诗）。

大事年表

朝代	年号	公元纪年	大事记
清	光绪三十年	1904年	叶子铭、吴子隐、丁子仁、王子寿祺会集湖滨西泠数峰阁之侧，辟地筑室创立西泠印社
	光绪三十一年	1905年	建仰贤亭。吴石潜摹刻丁龙泓先生像嵌诸壁间，以申景仰
	宣统二年	1910年	叶铭《广印人传》书成
	宣统三年	1911年	扩小盘谷，得印泉
中华民国	元年	1912年	建石交亭和山川雨露图书室。同年建宝印山房
	2年	1913年	印社十周年纪念。立社约，共计11条，首为"以保存金石，研究印学"为宗旨，推吴昌硕为印社首任社长
	3年	1914年	吴昌硕撰《西泠印社记》。重建四照阁。募捐建隐闲楼（现名"题襟馆"），次年建成
	4年	1915年	建遁庵，得潜泉
	8年	1919年	建还朴精庐，鉴亭
	9年	1920年	建观乐楼
	10年	1921年	得闲泉，导与文泉合。建缶龛。造丁敬身像。募捐赎回"三老讳字忌日碑"
	11年	1922年	建三老石室。开小龙泓洞

朝代	年号	公元纪年	大事记
中华民国	12年	1923年	印社二十周年纪念。罗列金石家书画千余幅于社，张挂四壁，一时文采风流，声闻远播。同年建鹤庐。造阿弥陀经石幢。建柏堂后西泠印社石坊
	13年	1924年	建华严经塔。造邓石如立像
	22年	1933年	印社三十周年纪念
	35年	1946年	重修印社。1937年，抗日战争爆发，印社无形解体，至抗战胜利后才逐渐恢复，据叶铭所书："三十五年丙戌，日寇退，重修印社"
中华人民共和国		1949年	西泠印社所属社址、设置、所藏文物等，由政府接管
		1957年	筹备恢复西泠印社
		1963年	印社六十周年纪念。举办庆祝六十周年展览会，举行以"西泠八家的艺术特点"和"篆刻史上的几个问题"为主题的学术讨论会
		1983年	印社八十周年纪念。社址全面整修完成，重建后山石坊，举行学术讨论和书画篆刻交流会，举办印社收藏品展、社员作品展、社史资料、印学史资料、印社国际交流等陈列
		1993年	印社九十周年纪念

图书在版编目（CIP）数据

西泠印社/马兵撰文/马兵等摄影.—北京：中国建筑工业出版社，2014.10
（中国精致建筑100）
ISBN 978-7-112-17166-8

Ⅰ.①西… Ⅱ.①马… Ⅲ.①西泠印社-建筑艺术-图集 Ⅳ.① TU242.5-64

中国版本图书馆CIP 数据核字（2014）第189209号

©中国建筑工业出版社

责任编辑：董苏华 张惠珍 李 婧 孙立波
技术编辑：李建云 赵子宽
图片编辑：张振光
美术编辑：赵 清 康 羽
书籍设计：瀚清堂·赵 清 周伟伟 康 羽
责任校对：张慧丽 陈晶晶 关 健
图文统筹：廖晓明 孙 梅 骆毓华
责任印制：郭希增 臧红心
材料统筹：方承艺

中国精致建筑100

西泠印社

马 兵 撰文/马 兵 蔡 红 等 摄影

中国建筑工业出版社出版、发行（北京西郊百万庄）
各地新华书店、建筑书店经销
南京瀚清堂设计有限公司制版
北京顺诚彩色印刷有限公司印刷

开本：889×710 毫米 1/32 印张：3 插页：1 字数：125 千字
2016年3月第一版 2016年3月第一次印刷
定价：**48.00**元
ISBN 978-7-112-17166-8
　　（24398）